U0155445

哈哈哈！有趣的动物（第一辑）

企鹅

〔法〕蒂埃里·德迪厄 著

大南南 译

湖南教育出版社
·长沙·

“还很远吗？”

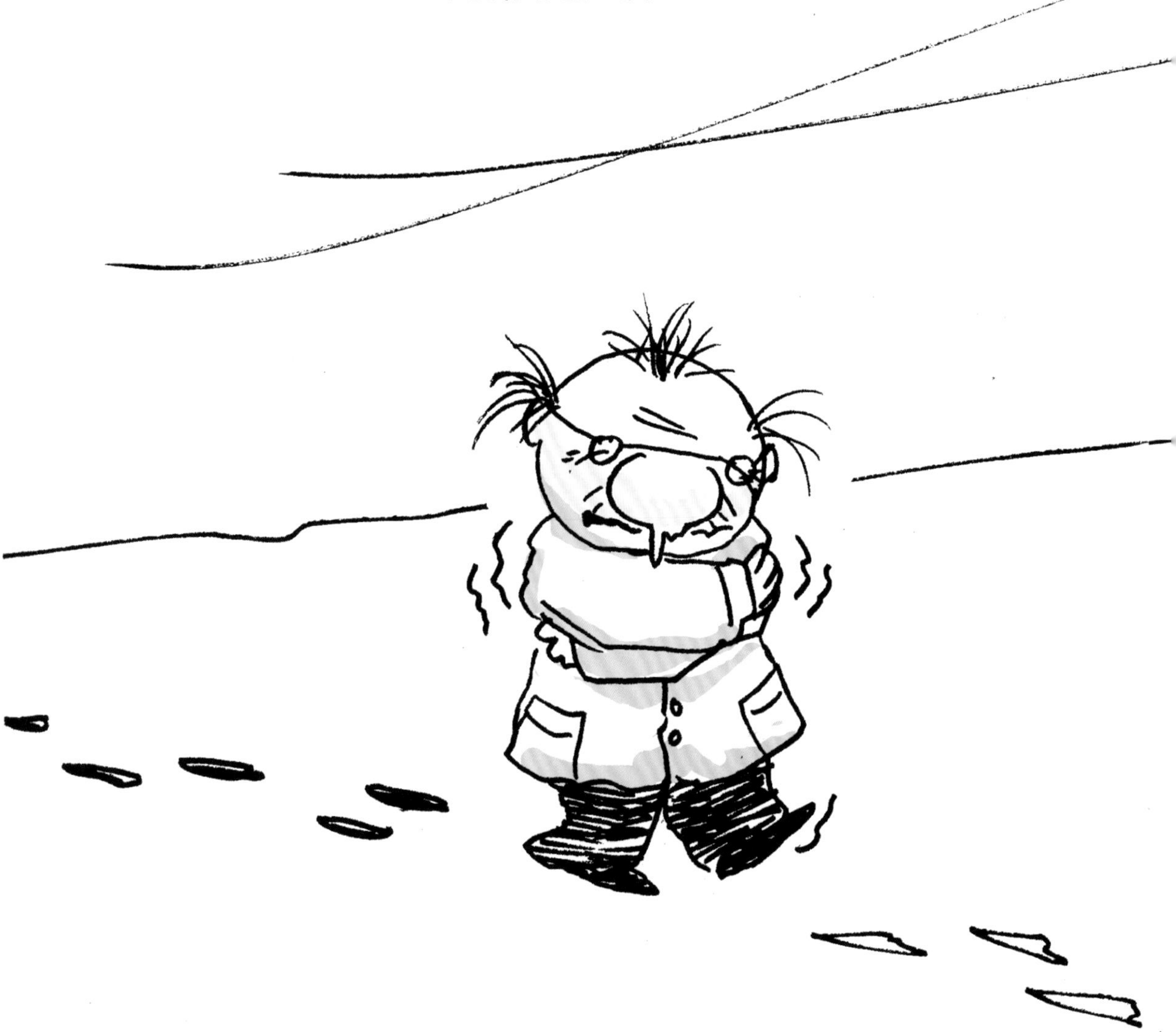

企鹅在冰上生活。

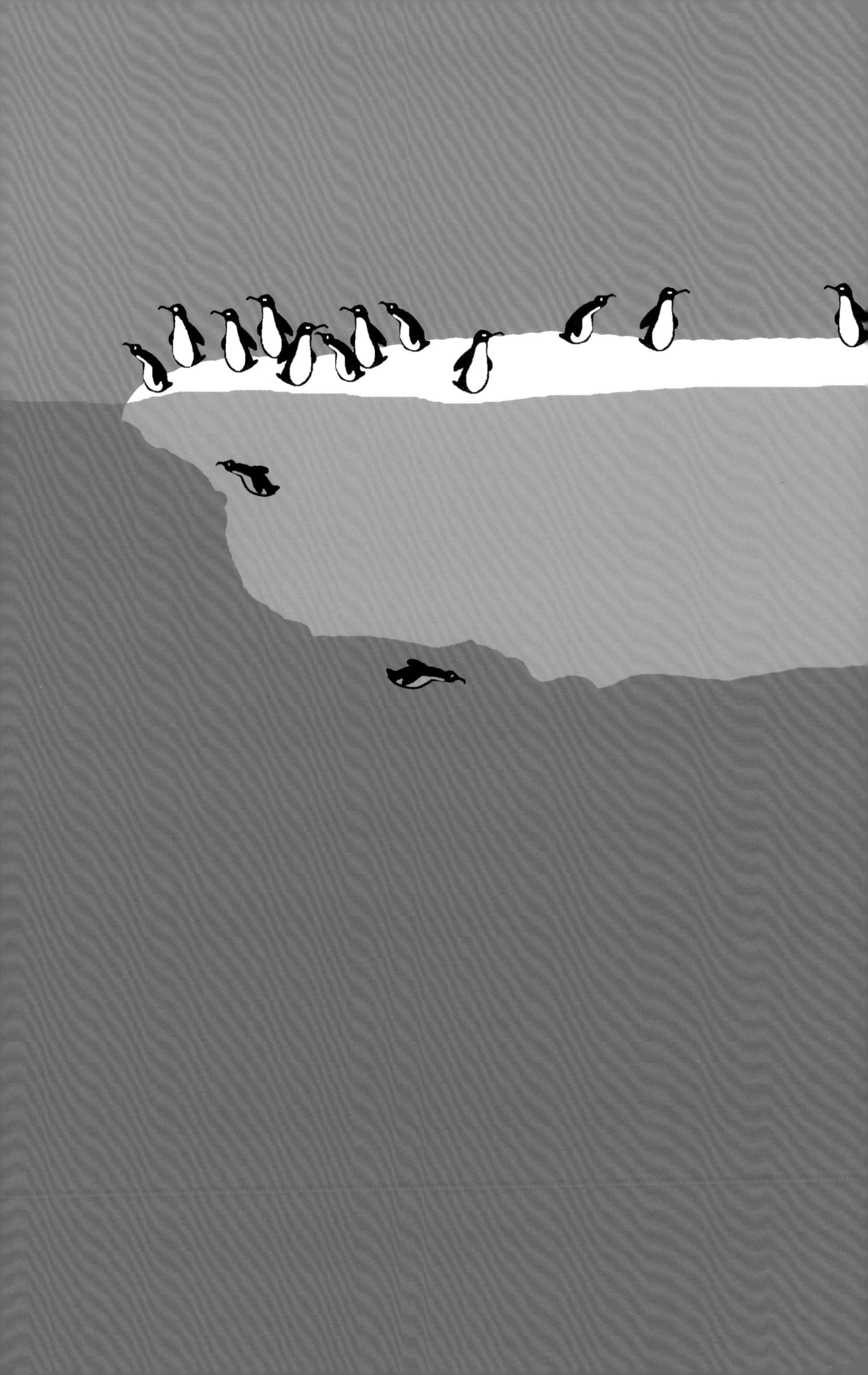

与大海雀不同，
企鹅只生活在南极。
（大海雀被称为北极企鹅，已经灭绝。）

企鹅不会飞,
它的翅膀像鱼的鳍一样。

它看起来像穿了
一件服务员的衣服。

企鹅小时候很可爱……

后来，就没有那么可爱了。

企鹅擅长游泳，是捕鱼高手。

它能像火箭一样跳出水面！

在暴风雪中，
企鹅挤在一起取暖。

为了找到合适的栖息地，
企鹅会步行几公里！

如果企鹅走累了，
它就会"玩"滑梯。

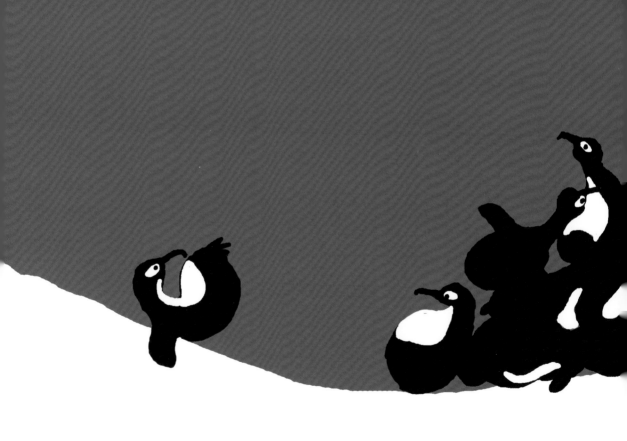

"如果你觉得很热，
我这里还有冰柜。"

如何带着一岁的孩子读
《哈哈哈！
有趣的动物》

一岁的孩子就能读科普书？

没错，因为这是永田达爷爷特别为低龄小朋友准备的启蒙科普书。家长们会发现，这本书的文字量很少，画面传递的信息非常精简，但是非常有趣，特别适合爸爸妈妈跟孩子进行亲子阅读。

赶紧和孩子一起翻开这本《企鹅》，跟着永田达爷爷一起来观察企鹅吧！

和孩子翻开本书之前，爸爸妈妈可以找来地球仪或地图，告诉孩子我们生活在哪里，让孩子猜一猜企鹅又生活在哪里。翻开书让孩子看看企鹅的样子，请他说一说企鹅的外貌有什么特点。告诉孩子，虽然企鹅属于鸟类，但它并不会飞，它的翅膀像鱼的鳍一样，可以帮助它在海洋里畅游，所以企鹅是个游泳高手。让孩子想一想冬天我们觉得冷的时候，是怎么取暖的，请他猜一猜企鹅在严寒的南极又是怎么取暖的。企鹅为了找到合适的休息地，会排着队走好远的路，走累了就在雪地上"玩"滑梯。看完这本书，也跟孩子一起去散个步，玩个滑梯吧！

图书在版编目（CIP）数据

哈哈哈！有趣的动物. 第一辑. 企鹅 / (法) 蒂埃里·德迪厄著；大南南译. —长沙：湖南教育出版社，2022.11
ISBN 978-7-5539-9284-6

Ⅰ.①哈… Ⅱ.①蒂… ②大… Ⅲ.①企鹅目－儿童读物 Ⅳ.①Q95-49

中国版本图书馆CIP数据核字（2022）第190751号

First published in France under the title:
Le Manchot
Tatsu Nagata
© Éditions du Seuil, 2007
著作权合同登记号：18-2022-213

HAHAHA! YOUQU DE DONGWU DI-YI JI QI'E

哈哈哈！有趣的动物 第一辑　企鹅

责任编辑：姚晶晶　陈慧娜　李静茹
责任校对：王怀玉
封面设计：熊　婷
出版发行：湖南教育出版社（长沙市韶山北路443号）
电子邮箱：hnjycbs@sina.com
客服电话：0731-85486979
经　　销：湖南省新华书店
印　　刷：长沙新湘诚印刷有限公司
开　　本：787 mm×1092 mm　1/16
印　　张：1.75
字　　数：10千字
版　　次：2022年11月第1版
印　　次：2022年11月第1次印刷
书　　号：ISBN978-7-5539-9284-6
定　　价：152.00 元（全8册）

本书若有印刷、装订错误，可向承印厂调换。